Deco Room with Plants

the basics

Deco
Room
with
Plants
the basics

Deco Room with Plants

the basics

人氣園藝師川本諭的

植物＆風格設計學

川本　諭

Satoshi Kawamoto

Preface 前言

這是Deco Room系列的第四本書。在這段期間，我經歷了搬到新家、在義大利設立店面等。因此在這本書中，包含了我想以嶄新心情來進行挑戰的想法。在紐約設立店面時，我也非常努力回歸原點，而這次來到了義大利，這裡對我來說是個未知的國度，我想，這正是能使我回想起最初心情的時期。

在文化完全不同且全然不了解的國家，有許多令人不安的因素，但我相信自己，也相信我所打造的東西，即使語言不同，也希望他們能觀看我營造的空間、加以感受，並對此提起興趣，因此我使用了各式各樣的表現手法。

在這本書中，我也提出了讓人更加享受生活的點子。就算只參考一小部分也好，我希望大家能融入自己的生活，更加沉醉其中。

Satoshi Kawamoto

Contents

CONTENTS III

FRIEND' S PLACE STYLING 59

打造熟人&朋友們的空間

CONTENTS IV

PROJECTS OF GREEN FINGERS 85

Green Fingers的活動

CONTENTS V

GLOBAL PRESENCE & FUTURE PROSPECTS 99

海外發展與今後方向

※本書刊載之店面資料為製作本書時的資料，若內容已變更，尚請見諒。

CONTENTS I

HOUSE STYLING

川本宅邸的居家風格

川本 諭在製作前作《美式個性風×綠植栽空間設計：人氣園藝師的生活綠藝城市紀行》時，居住在兩層樓的獨棟房屋，之後搬到了有閣樓的公寓中。但變更的不僅僅是他的住處，在累積許多經驗之後，獨特的感性也更加成熟，風格變化為更具成人的悠閒感。另一方面，也能夠透過他的新生活，感受到其不受左右的美學。

ENTRANCE

玄關決定了一個家給人的印象，在鋼鐵製的凳子上，擺上鑰匙和小盆植物，打造出簡單又優雅的風格。凳子的椅腳和牆壁上掛的畫框，兩者的黑色能夠讓整體空間氣氛更俐落。由於搭配了葉片形狀與質感相異的植物，即使是小小的空間，也能產生十足張力。玄關沒有鞋櫃的房子，如果能像這樣活用凳子，便能打造出小小的展示空間。

以塑膠線固定壓克力板的畫框，裡頭放入圖片或乾燥花，展示在牆面上。為了回歸初衷，下方畫框裡裝飾的是《人氣園藝師打造の綠植＆野趣交織の創意生活空間》當中的圖片。畫框裡放上喜歡的圖片及雜誌拼貼，再搭配一片葉子，或搭配壁紙，將相同顏色的彩色紙墊在乾燥花後方，很容易混搭。也可以拿下左邊的畫框，垂掛一條漂亮的布料，也能增添華美氣氛。

LIVING & DINING

川本 諭決定要搬到這空間的關鍵，正是這有著一定高度、日照良好且具開放感的客廳。將植物分別放置在地板、樓梯及閣樓，宛如植物包圍了客廳一般，打造出一個不管由上往下、或由下往上看，都非常具有衝擊性的空間。如果牆壁整面都是白色的，會太過明亮，因此將其中一面換成帶灰的綠色，添加一點深沉感。對川本 諭來說絕對必需、尺寸大到能躺下來休息的沙發，也不會令人感受到壓迫感，正因為選擇了與牆面及植物都能融合的橄欖綠沙發。

要讓植物看起來立體，最具效果性的便是樓梯了。將垂掛的藤蔓植物放在樓梯上層，便能打造出具有格調的動感。這次的搭配，同時要考量由上往下看時的平衡，因此將葉片形狀大而美麗的植物，放在樓梯的下層。有著獨特色調的花盆，是CONCRETE CAT的作品。在LA買到的工具推車，有著圖書館推車的感覺，因此以它來收納外文書籍等物品。下圖中將木板組成馬賽克圖樣的柱子，則是委託meeting encounter所製作。

配合樓梯的寬度製作的層架，是ANTISTIC的鋼架櫃，帶深色的木材與鋼鐵質感，和牆面的灰綠色非常搭調。以最近非常受到矚目的現代藝術家——DANIEL ARSHSHAM的石膏像作品為主，同時展示了吉田次郎先生的陶瓷人偶、川本 諭在巴黎製作的原創燭台及Astier de Villatte的盤子等，雖是個性都非常強烈的物件，但藉由統整為白色色調，看起來十分清爽。

在大量陽光灑入的窗邊，是擺放植物的絕佳場所。將非常具存在感的仙人掌放在檯子上，再吊掛一盆植物在其上方，便能帶出層次感。如果只將植物並排放在地上，很容易只有平面感，但使用檯座打造出高低落差，就能順利活用空間。左側的蕨類植物在前作中放在客廳，那時還非常小盆，才兩年就長到這麼大了。植物的分量感及外型隨時都在變化，配合當時狀況來搭配，也非常有趣。

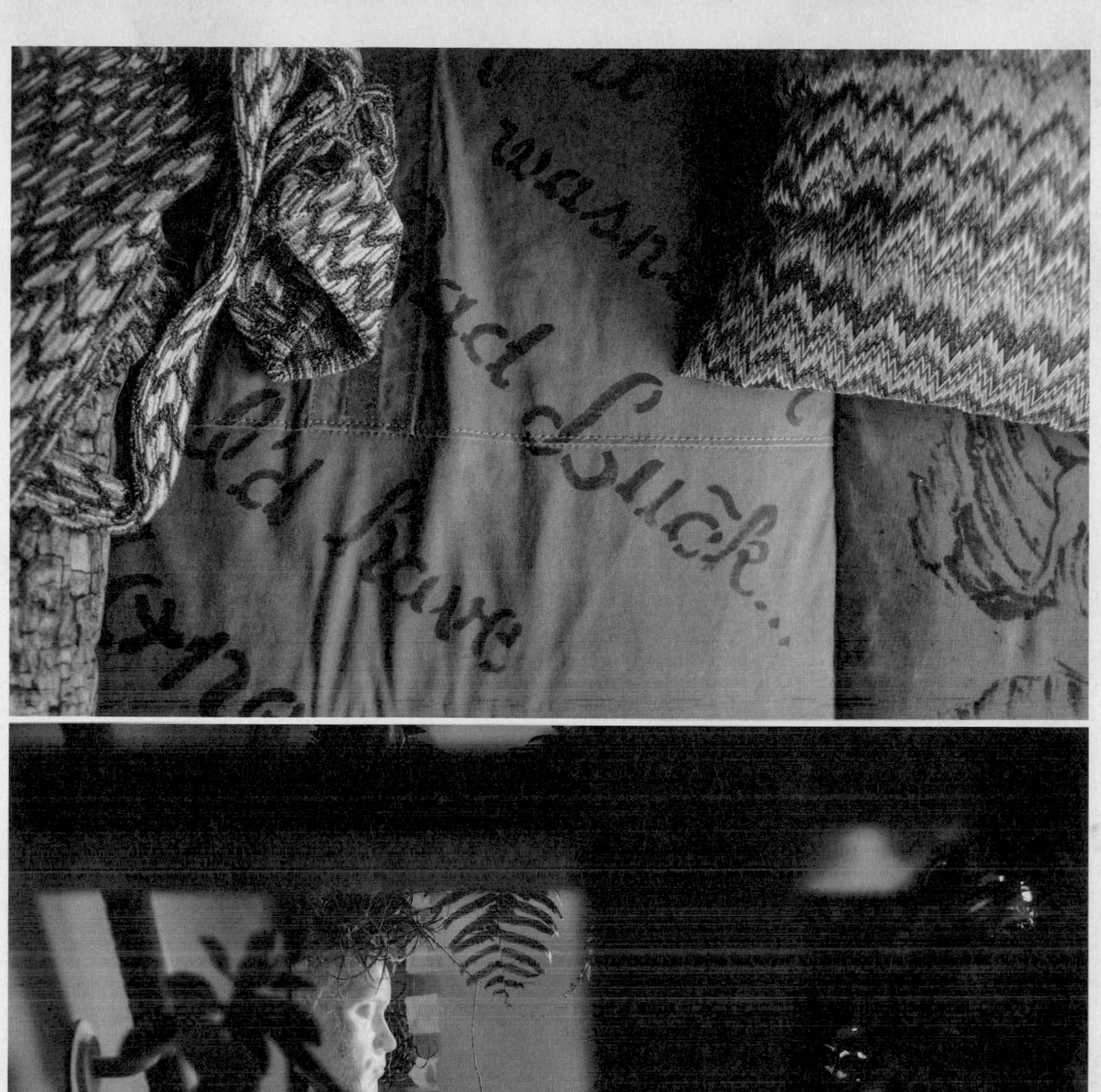

軍事風格的沙發，是以紐約為據點活動的Jon Contino所手工繪製的。以麻料穀物袋製作的靠枕，因為想以接近的風格搭配，所以就使用MISSONI HOME的手織抱枕，添加一些時尚元素。這個均衡感，就象徵川本 諭目前的風格吧！另外，這些受到川本 諭魅力吸引的人們所製作的作品，有著手工才有的風味，其存在更增添了此空間的深度。

閣樓上的三角窗空間，是這房子當中最受川本 諭喜愛的一處。天花板具有一定高度，能夠擺放較高的植物。日照也非常良好，是能夠享受將植物拉拔長大樂趣之處。在閣樓裡掛上掛勾、吊個吊床，就出現了一個頗具高度的展示空間。只要放上空氣鳳梨，就成了布置的重點，令人感覺很開心。在空間狹窄的房間當中，可以將大賣場買到的網子兩邊扭緊，打造出小小的吊床，只要放在窗邊就能改變房間給人的印象。

在紐約看見的咖啡店令人印象深刻，所以就參考了將自行車吊掛在吧檯上的點子，將自行車展示在閣樓。車框帶點黑的紅，並不會過於誇張，而能成為一個不錯的重心點綴。自行車下方吊掛的大型蕨類，和餐廳的燈光的協調感也十分美麗。餐廳的牆壁，是第一次挑戰的赤陶色，這是能令人感受到義大利或摩洛哥氣息的色調，據說川本 諭非常喜歡。在為牆面增添顏色時，選擇不鮮豔的灰暗色彩，能夠比較容易融入環境。

BEDROOM

臥房面西的窗戶，會射入午後陽光，描繪出美麗的光影。此空間中的影子時刻都在變化，光是看著就能感覺安穩。偌大的窗戶是這個空間的特徵，裝上木製的黑色窗框，有種宛如外國公寓的氣氛。日本大多採用鋁窗框，只要下這麼一點功夫，就能給人有格調的感覺。由於是無須在意窗外視線的地點，因此不掛窗簾，吊掛植物和空氣鳳梨作為展示。

不知何時起，陸續收集了許多的畫框，如果擺放在各處會缺乏整合感，乾脆集中在一起展示。從紐約的地圖、植物圖鑑、義大利世界遺產五鄉地的圖片，到附有納瓦荷人裝飾用釦的畫框，風格大異其趣，但這樣裝飾起來，便宛如裝置藝術般有趣。這是展示畫框的方法當中比較輕鬆也值得推薦的方式。前方的牆壁吊掛JOURNAL STANDARD x carchartt的壁掛式收納袋，放進空氣鳳梨和碟子之類的物件，每天依當時的心情，決定要拿出來展示的物品。

WORKSPACE

為了能集中精神進行設計，在臥房裡同時設置了先前房子沒有的工作區域。將沉睡在GREEN FINGERS倉庫裡的縫紉機改造成的鋼鐵書桌、及金屬椅的金屬質感，與海軍藍色的牆面交互醞釀出厚重感。裝飾櫃是以夾具夾住木板，作成棚架的樣子，可以配合空間修改板子的寬度和長度，能夠隨心所欲地使用。裝飾櫃上擺著與雜貨相同高度的植物，以宛如布置雜貨般的感覺展示植物，便能調整出良好的平衡感。

裝飾用的架子上，堆放了各種物品，包括礦石和陶器裝飾等，這些都是從川本 諭過去曾拜訪過的地方，所留下的關於該地的回憶，和植物放在一起展示。畫著印地安人的卡片，是被川本 諭的感性所吸引的一位藝術家——祖先流著美洲原住民血液的Ishi Glinsky送給川本 諭的感謝卡。在蒙面俠蘇洛人偶旁邊則以CONCRETE CAT的紙插，隨意插放著沒用完的外國紙鈔。這些小雜貨們並不是到處擺放，而是集中在同一處，成為非常有看頭的展示區域。

KITCHEN

一邊吃點輕食，一邊工作，會在廚房度過一段不短的時間。吧檯的空間很狹窄，是能夠享受經常更換植物樂趣的場所。吧檯上的紅色盒子，是Santa Maria Novella的燃香紙。這是有著沉穩香氣的紙型焚香，川本 諭會在回到家時或就寢前，想在家裡好好放鬆一下時，就會點燃品香。平常都收在冰箱上的網籃可以用來存放物品，是廚房裡非常重要的存在。

前作中放在客餐廳的書櫃，展示著慢慢收集來的Astier de Villatte及JOHN DERIAN的盤子。隨意地擺上不需要擔心日照問題的人造植物及乾燥花作為裝飾，為平淡的廚房帶來一些復古氛圍。喜歡的餐具不要收起來，可以拿來裝飾，會有不錯的效果。將餐具拿來擺設時，要特別留心不要顯露出太多生活感，也不要給人太多雜亂的印象，選擇世界觀相符合的餐具吧！

CLOSET

在工作區域後方深處的Walk-in Closet（可走入內的衣櫥兼更衣室），宛如復古風店家的展示，滿滿擺放著服裝及各式小物。川本 諭表示他實在無法捨棄衣服，因此還想要再大兩倍的空間，但這個空間也已經能收納非常多衣物了。以往襯衫都是摺一摺，疊在臥室的櫃子上，現在則是以衣架掛起來；T-shirt和毛衣等，以木箱作為區隔來收納，即使是平常看不到的空間，也可以看出他認真擺放的心思。

非常容易變形的帽子，利用天花板高度，以裝飾的手法來收藏。衣架掛鉤下方放了業務用鋼條櫃子，陳列著Steele Canvas Basket的籃子和業務用貨箱等，用來收藏服裝。上層的籃子原本是收工具用的，但被川本 諭拿來放置內衣褲和襪子、手帕等，也非常方便。並非使用原先衣服專用的收納品，而是發揮創意，讓不同用途的東西派上用場，這點很值得參考。尤其是工業風的用品，堅固且功能性也高，沒有多餘的設計及色彩，這方面魅力十足。

BALCONY

客廳與臥室面對著日照極為良好的陽台，那裡充滿綠意的景色，使得在房裡度過的時間，也能盡情欣賞，是非常重要的場所。照顧植物、或坐在椅子上喝咖啡，每天早上到陽台上走走，已成了習慣。和先前獨棟房子的庭院相比，雖然迷你了很多，卻利用這個難處，以自我風格打造出非常有魄力的小院子。閣樓還有另一個陽台，也是選擇這間居所的重點之一。

要打造有震撼感的庭院，重點就在擺放具有高度的植物。這個陽台的前方就是鄰居的房子及電線桿，為了要遮住這些物體，因此擺放較大的植物。也以木製的黑色蓋子裝在空調的室外機上，用來遮蔽，上方再放上垂掛的藤蔓植物，打造出動感風格。即使是看來礙眼的室外機，只要好好利用，也能對打造庭院有所幫助。也刻意將小花盆疊放在木箱上展示，使物品更有立體感。今後若你想著手進行園藝，不需要馬上就此為目標，先挑戰自己能夠照顧的植物量吧！

庭院不能只以單一方向來打造，而必須意識到會從不同方向觀看庭院。從臥室的窗戶也能看見陽台，因此也必須考量到躺在床鋪上時的視線方向，而調整高大植物的擺設。能夠眺望陽台上樹木的葉片在風中搖擺的樣子，遠方還有整排櫻花樹，隨著季節不同將有相異的色彩變化，對川本 諭來說，這是能夠放鬆心情的時刻。陽台的地板鋪的是前作的家中使用在玄關和浴室的復古風格磁磚，稍微褪去的色彩與腳邊多肉植物的嫩綠，正好形成強烈對比，十分美麗。

早晨會射入充足陽光，使得閣樓陽台的全白牆面，令人留下深刻印象。由於川本 諭比較不常走出這個陽台，因此主要放置澆水頻率較低的多肉植物和仙人掌。若你對於澆水不太有把握，也非常建議試著挑選培育的植物種類。選擇能襯托出牆面的五彩繽紛花盆，或將廢棄彈簧床中的彈簧作為擺飾等充滿玩心的展示方式，都能給人明亮又愉快的感覺。巨大的樹木以藍天為背景，伸展著寬闊的葉片，營造出了舒適的良好空間。

SHOES ROOM

對於喜歡鞋子的川本 諭來說，置鞋間是絕對不可或缺的，這次將位置設在閣樓裡。有著面對陽台的窗戶及三角窗，兩面都會有光線射入，意外地相當明亮，不管哪種植物都能放在這裡，因此選擇他喜愛的絲葦和蕨類植物來裝飾。早上能夠眺望由陽台升起的朝日，傍晚則能從三角窗看著夕陽落下，是非常棒的環境。由於先前都住在獨棟房屋，像這樣每天都能夠感受到天氣與季節的生活，也覺得十分新鮮。

由於實際上並不是非常寬敞，因此木箱不能疊放得太高，而是擺成階梯形狀，在不給人壓迫感這點，多下了點功夫。藤蔓植物及絲葦自木箱上垂掛而下，活用其美麗外型成為裝飾。在LA買到的地毯，先前分別放在玄關及臥房裡使用，現在集中鋪在同一個地方。雖然花樣及尺寸都大異其趣，但色調卻是一致的，因此能有一體感。坐在摺疊式的沙發上，看著逐漸消失在暮靄中的景色，實在是一大享受，川本 諭似乎也會在此品酒。

BATHROOM

浴室是個能夠放鬆身心的場所，在左右分別向上伸展的蕨類植物，及自上方垂掛而下的蕨類植物重疊在一起，形成一個具野性的空間。浴室一般就算有窗戶，通常也無法有太多陽光進入，也是容易堆積濕氣之處。因此可以放置蕨類植物，這類植物就算日照不夠充分也能好好成長，也喜歡濕氣，擺放這類植物就非常不錯。但是隨著浴室環境不同，適合的植物還是會相異，請考量現場的日照及通風狀況來選擇。

洗手檯上的死角空間，展示著尺寸迷你的人造植物、書籍及繪畫等。乍看之下似乎並沒有能夠裝飾的空間，但其實有很多這樣的死角，如果能好好地利用，也能為平凡的房間增添不少色彩。洗衣機上方有掛在牆面上的網籃，收藏著毛巾和清潔劑等。這是讓沒有收納空間之處，也能維持一貫風格氣氛、宛如展示裝飾品般地收納日用品，是個雖然簡單，卻也是其他人想不到的創意。

REST ROOM

洗手間的風格，組合混搭了人造植物及空氣鳳梨。要使用人造植物時，重點便在先仔細觀察過真正的植物、瞭解它的性質之後再來裝飾。舉例來說，常春藤並不會像爬牆虎那樣糾結在一起，因此讓它沿著牆面攀爬，呈現的樣子會更具真實感。窗邊的空間，則並排著透光就會十分美麗的玻璃小物。川本 諭非常喜愛將折斷的絲葦、或修剪下來的觀葉植物，插在古老的玻璃小瓶裡。

Column 1

My new place

關於我的新居所

川本 諭長久以來都住在有著庭院的獨棟房屋，這次所選擇的新房子，和先前住處大異其趣，有著閣樓的公寓房間。究竟有什麼樣的心境變化呢？我們詢問了他關於選擇新居時重視的重點，與經年累月下來，逐漸轉變的室內裝潢喜好，以及對於風格的觀念。

Photographed by Satoshi Kawamoto

決定這間房子是因為客廳

《人氣園藝師打造の綠意＆野趣交織の創意生活空間》和《美式個性風×綠植栽空間設計：人氣園藝師的生活綠藝城市紀行》當中所居住的房子，都是附有庭院的，這次原本也是以「有庭院的房子」為條件在尋找。但也想到，如果要搬到二樓以上的房子，那麼有大陽台的老公寓應該也很不錯吧！這間房子剛蓋好還沒有幾年，在公寓的二樓，陽台也比理想中希望的還窄了些，但參觀屋內時，我腦中馬上浮現出了「在閣樓的三角窗邊放上大量植物，從客廳仰望上去，一定會非常舒服」的念頭。超越庭院這個必要條件的，就是日照良好、挑高的天花板，及能夠擺放很多植物的客廳。這也是選擇這間房子的決定性因素。先前的房子，不管是哪間，在室內要擺放植物都非常受限，因此這次要讓這間客廳變成多麼有趣的樣子，也是個嶄新的嘗試。隔間方面，這裡比先前的房子來得狹窄，因此有些家具，比如餐桌就必須變為更小的，但也有些能拿來重複利用的。最終才打造出一個尺寸適中、且使用起來也非常方便的舒適住宅。樓下是停車場、隔壁是走廊、上面也沒有其他房間，因此不太會有周遭傳來的生活雜音，這點非常棒。應該還會在這邊多住一陣子。

累積經驗而改變的事情

回顧《人氣園藝師打造の綠意＆野趣交織の創意生活空間》時，我深受日本平房所吸引。原本就有從事一些配合古董的工作，因此非常喜歡古董物件，也對那種風格很著迷。《美式個性風×綠植栽空間設計：人氣園藝師的生活綠藝城市紀行》時，家裡給人的印象已經變得十分清爽俐落；而這次又稍微有些變化，轉變了一點風格，應該變成是稍微有些都會化而成熟的空間了吧！當然，並不是說第一本書時的房子不好，大概就是會覺得「那時候我喜歡這類東西，這種感覺的確也很不錯呢！」這不僅僅是室內裝潢，時尚流行也會有這類情況，因此每每前往不同國家工作，也越來越覺得，將不同風味的東西混合在一起搭配的平衡感非常重要。日本人因為很一板一眼，因此會覺得「別人這麼作，所以就必須要這麼作」但這樣非常容易在任何方面都變得太過火。而紐約的人們就常讓我感受到，他們有

原本牆壁全部都是白色，不過我將房間的牆面各換掉一面顏色：客廳換成灰綠色系、餐廳是赤陶色、臥房兼工作空間則是海藍色。拆掉了設置於三角窗空間的梯子，有效活用空間。陽台由於眼前的電線桿實在太過顯眼，因此安排植物的時候，刻意想抹消它的存在感。行道樹是櫻花木，到了春天會綻放整片花朵，從陽台看過去的風景也將煥然一新。

著「我覺得這個不錯，所以就這麼辦吧！」的個性，這實在很棒，他們自己有所堅持的部分，也會從風格上流露出來。由於我比較常出國，因此能夠見識到不同風格的機會也更多，能成為非常好的經驗，這也是對於室內裝潢的喜好逐漸轉變的原因。現在就算是Instagram上或網路上都有許多資訊，有很多範本可以參考，可以試著將看法轉成「這個人會看起來如此帥氣，是由於非常堅持這幾個方面的原因」，應該會很不錯。

思考著「平衡」所作出的搭配

每個人各有不同的喜好，並沒有哪樣才是正確的，而我個人是喜歡時尚的和古董風格的物件混在一起的感覺。看了我這次的居所，應該就很容易明白了。不同的房間，會在時尚與復古風格之間互相切換，各占一定的比例。因為添加一點伸縮感與張力，會比較有趣，因此隨著不同房間，稍微變換一下風格，也是個好方法。舉例來說，這次的工作區域就是一個男子工作室的意象，因此將鋼鐵桌腳的縫紉台桌面塗改了顏色，試著搭配金屬椅子，選擇銀色及黑色來作搭配。其實本來也想搭配工業風格的照明，但難得有挑高的天花板，明亮度也不成問題，因此就沒再更動了。這個房間既是工作區域也是臥房，以結果來說，能活用自然光真是恰到好處，畢竟要全面裝修室內也很辛苦，現實上也很難辦到。所以我認為，只要使用原有的物件，再加上一個新的物品就足夠了。只要這麼作，1加1可以成為10，也能成為100。如此一來，心情也會雀躍，請人到家裡作客時，對方也會說：「好像有哪裡和之前不太一樣呢！」這樣更能感受到搭配的樂趣，要是你也能體會到，那就太好了！

推薦的裝修創意

我目前正在思考，之後可能會更換洗手間或浴室的牆壁。我過去有段時間，很憧憬巴黎的公寓時，也曾經將洗手間的牆壁弄成粉橘色調。洗手間和浴室非常狹窄，又與其他空間完全隔離，因此我決定挑戰令人感到衝擊的顏色，應該非常不錯。相對地，客廳和臥室這類寬廣的房間，要是將所有牆面的顏色都換掉，很可能會突然變成非常陰暗，或令人感到狹窄，因此如果要換，可以先換其中一面，即使只換掉一面，也十分具有效果，心情上也能大為轉換。

CONTENTS Ⅱ

STYLING PATTERNS & TABLE SETTINGS

風格圖樣與桌面的搭配創意

本章節中，會提出適合不同房間的風格圖樣，及設想各式各樣情境所使用的桌面搭配創意。只要添加一點小變化，同一個空間給人的印象也會大異其趣。不僅限於植物的展示方式，選擇家具和小物的方式及基礎的思考方式，都可以運用自己的想法來拆解，活用於日常生活當中。

STYLING PATTERN 1

LIVING

左圖是將1950年代義大利的玻璃球吊燈改造過後，突顯出燈具厚重感的風格，腳邊則搭配由古老刺子繡布料製作成現代風格的地墊。下圖使用的是Tom Dixon有機造型的燈具，變得更加獨具風格。由於映照出植物樣貌的美麗燈具融合在這空間裡，因此鋪上令人眼睛一亮的地墊。照明燈具和地墊是決定房間印象的物品，如果難以更換牆壁顏色，就先試著換張地墊吧！

STYLING PATTERN 2

BALCONY

和P.26相比，少了一些多肉植物，而變得十分清爽的陽台；及魅力在於各式各樣植物交織出豐富表情，有著原始森林感的陽台。左圖中，川本 諭刻意使新添的有著宛如裝置藝術般獨特造型的植物，變得比較顯眼，因此搭配時使用了減法。下圖則是非常對照地，搭配了許多花卉，變得十分華麗。花朵就搭配顏色較為深沉的葉片，或添加細長的草類植物，搭配的方式不同，就不會過於甜美，而保持帥氣的風格。

STYLING PATTERN 3

BATHROOM

這是改變植物分量的兩種搭配風格。如果再添加更多植物，就會變成P.32的效果。若植物不方便放在浴室的地板上，可以像下圖一樣吊掛，就能夠有效利用空間。在光線射入的窗邊，可選擇葉片形狀及色調美麗的植物。浴室是用途非常明確的場所，因此使用時要能覺得心情舒適，是再重要不過的了。希望大家能調整植物的分量，找到最適合自家的方式。

STYLING PATTERN 4

REST ROOM

一種比較容易的展示方式，是使用空氣鳳梨與乾燥花來裝飾洗手間。另一種是插入瓶中之外，還將植物吊掛、垂落，以不同的方法來妝點狹窄的空間。下圖是將風化成棕色的乾燥花，插在SLOANE ANGELL STUDIO的花瓶裡。若花瓶為鮮豔亮麗的顏色，可以選擇顏色較為沉穩的花朵，就不會過於華美地保持優雅感。

以下是依照不同情境所作的四種桌面搭配創意。本頁是將咖啡及水果沙拉當作早餐的搭配方式。隨意灑上清新的鮮花與觀葉植物的葉片，便能營造出清爽的一日之始。單一粉紅色的花朵，會給人很強烈的可愛印象，藉由搭配一片深綠色的葉片，再加上餐具也選擇深棕色或深海藍色等，具厚重感的陶瓷製品，便能製造出整體感。

HEAVY

和能夠放鬆心情相處的朋友坐在桌邊吃飯的場景。使用可能會出現在美國餐酒館中的盤子、具有玩心而能夠引發聊天話題的彩繪盤等，以這些輕鬆的餐具來盛裝料理。剪下蕨類植物的葉片，餐盤隨手置於其上，便能打造出趣味橫生的桌面景緻。盤子裡盛裝的番茄與燻鮭魚的紅色，與蕨類植物的綠色形成高度對比。招待客人時，即使只放了一片蕨類在桌上，都能夠提升招待的氛圍。

以豆子和培根的沙拉作為主菜，讓觀賞者都能大為驚喜的搭配方式。將與黑豆非常搭調的薰衣草色花朵分別放在桌上及盤中，再灑上一些花瓣，添加律動感。還以形狀獨特的雞冠花、龐大的向日葵置於中央盤子的周圍，作為裝飾，大大地展現出川本 諭才能作到的弔詭風格。用來分裝沙拉的橢圓盤，是吉田次郎先生的作品，是越使用越有味道且令人期待將來變化的餐具。

以盛裝在大盤中的烤夏季蔬菜為主角，搭配色彩鮮豔又美麗的餐桌。在五彩繽紛的西洋餐具中點綴和風餐具，搭配上華麗的乾燥花及帶刺的綠色果實，四處讓人感受到和風氛圍。餐桌搭配創意能讓餐點更美味，也是讓品嚐美食的時間能更愉悅的辛香料。招待客人時，除了餐點之外，也多花點工夫在餐具和桌上的植物吧！

Column 2

Project of interior products

關於室內布置路線的發展

經常出現在本書中的室內布置店家——journal standard Furniture與川本 諭的合作商品就此誕生。川本 諭對於裝潢布置也有非常深的造詣，他所創造的物品，具有獨特的玩心及獨具創意的點子，及為了讓使用者能感到舒適而有的堅持，也都在這些物件當中呈現。

能夠撫癒整日疲累的裝飾

與journal standard Furniture合作的第一個物品，是以臥房中的紡織品為主，及將真正的植物封印在壓克力中的立燈。首先關於紡織品，使用了我所描繪的植物畫作為印花圖案。從前我描繪的手寫風格筆觸的東西，現在大街小巷都有人會畫了。所以若要製作紡織品，就畫點和先前不一樣的東西吧！因此以能更貼近我的「圖鑑」作為主題來畫植物的素描。這次我畫了50種植物葉片，全部都是我家裡有的植物。因此可以看著這本書中的圖片來比對尋找：這個葉片，是在哪個房間裡的植物呢？應該也非常有趣。

因為合作才能發現的趣味

立燈是利用乾燥植物作為材料，目前只作出樣品，但真的是非常有趣的商

在寢具上插圖旁的文字，是世界各種語版的「晚安」。當然也有日文的Oyasumi。這是在臥房放鬆時使用的物品，所以圖案不要有過於強烈的主張，線條使用淺灰色，整體給人非常溫和的印象。

品。先前我有作過以鐵絲作為基底，裝飾上乾燥花的「植物擺設」型態的燈具。但這次因為是要與他人合作，所以我非常重視「好好將自己的想法傳達給人」這件事情，一邊詢問許多人意見一邊製作，也非常有趣呢！為此也前往工作坊，傳遞「我想讓壓克力的部分，作成宛如空中的圖鑑，所以請以這種平衡感將植物放入」這類細節給職人，請他們協助作品製作。每一個商品都不相同，各自會展露出不同的表情，供人欣賞。因此請務必前往店面，看看實際上的成品。這次是製作臥房周邊的物品，下次希望能夠慢慢作出客廳或餐廳使用的物件，依照不同情境，也希望能開發成固定商品。另外，我對原創餐具也非常有興趣，可以在餐具上印刷，或和陶藝家一起創作，有各種不同的方式，若在不同季節發表，應該也挺有趣的。

透過室內裝飾傳達的想法

每次出國最讓我感到驚訝的，就是在居家DIY大賣場的油漆區，有非常多人在挑選油漆。日本與外國的人重視室內裝飾的程度，實在有著天壤之別，他們真的非常追求要讓自己的生活更加舒適。如果油漆牆壁的難度過高，也可以塗裝小箱子或木棧板之類的物品，再搭配上植物，就能夠擴展表現的寬廣度了。我希望作的，就是讓人對室內裝飾變成自我風格一事產生興趣，因此我也希望能繼續努力在這方面有所表現！

這次製作的是被套及枕頭套、地墊、掛毯、沙發套等紡織品。插圖是仿照植物圖鑑的圖版來繪製的。印刷的品項，則從幾種手法當中，選擇出以鉛筆繪畫及最能表現出文字的圖案。

YOU'VE
GREEN FI

CONTENTS Ⅲ

FRIEND'S PLACE STYLING

打造熟人＆朋友們的空間

本章介紹川本 諭的朋友居所、平常就有往來之人的辦公室、店面。川本 諭巧妙捕捉每個空間中各自不同的世界觀，再增添個人的醍醐味，便產生了六種完全不同風味的風格。希望大家留心的高超技巧，是活用原本就有的物件加以變化後帶出其嶄新魅力。

CAMIBANE

CAMIBANE

愛知縣半田市青山4-10-4

〔Hair salon〕9:00至20:00、〔Bakery / Cafe〕9:00至售完為止；

〔Hair salon〕星期二定休・〔Bakery / Cafe〕星期二・三定休

宛如被綠意包圍的隱密之屋，是小小店家CAMIBANE。店家抱持著「希望大家聚在小房子裡，好好放鬆身心」的心思，因此結合了法文中表示夥伴、朋友（ami）、及小房子（cabane）的文字，取了這個店名，是由夫婦倆人經營的美容院及石窯烤的天然酵母麵包店。川本 諭是他們的老朋友，兩人說「希望像在森林當中的店家一樣」，而拜託他經手庭院的植栽，如今已過了九年。原本只與一般人同高的樹木，也已經茂密生長到覆蓋了店家，成長為連川本 諭都感到訝異，讚揚著鄉村風格的庭院。

這次調整搭配中添加了巨大的鹿角蕨，為店頭增添了些許色彩，以令人震撼的姿態迎接來訪的人們。CAMIBANE的庭院環境非常優良，植物都能夠好好生長且充滿了生命力，讓人幾乎誤以為這裡原本就是一座森林。放在梯子上的多肉植物，也是最初施工時就放置的植物，經過了九年，已經成為無法調整且充滿野性的模樣。因長年放置而變色的花灑及牛奶罐，也加深了粗獷的氛圍。

上圖是將CAMIBANE原本就有的秤，搭配乾燥植物來展示。魄力十足的大型葉片，從店裡看出去時也能欣賞其樣貌。老舊工具帶有的趣味性與褪色的乾燥植物十分相襯，創造出宛如繪畫一般的空間。下圖是使用庭院裡有些寂寥的空間來混搭裝飾，宛如要填補鋪設的石子縫隙，在其中種入多肉植物。硬梆梆的石頭質感當中，膨膨的多肉植物宛如重點般點綴其間。這是在過了一段時間之後，可欣賞會產生何種變化的裝飾方式。

在附近買的花，搭配從庭院的尤加利樹剪下的枝葉，與空間本身的魅力相輔相成，飄散出靜謐的氛圍。直接插枝，及隨手放置在桌上的葉片就有著完美的樣貌，令人感覺到那是不可或缺之物。有著鮮豔色調吸引人目光的土耳其藍色美容院牆壁，是川本 諭所選的顏色。吊掛上原本店裡就有的乾燥花與尤加利，展現出因經年累月而逐漸腐朽的頹廢氣氛，令人印象深刻。埋在牆面當中，據說曾經是錢湯使用的置物櫃門，也加深了這樣的世界觀。

店內也設置了小小的咖啡廳空間，可以享用在此購買的麵包，並稍事休息。在深具味道的桌上，隨意擺放著剪枝的尤加利葉及空氣鳳梨，不會過於做作的裝飾風格，也與CAMIBANE的氣氛非常相合。牆壁及黑板上的字跡，在川本 諭每次前來時，都會加以修補。他非常尊敬CAMIBANE的兩位，也是意氣相投的夥伴，川本諭表示，正是他們兩位教導他，與夥伴共度時間的重要性。今後似乎也會有繼續共同合作的企劃。

LARRY SMITH'S OFFICE

這次要布置的是，將印第安式珠寶化為現代風格的品牌LARRY SMITH的辦公室兼展示館的大樓頂樓。這個頂樓的特點在於獨特的地理位置，使得東京鐵塔近在眼前。身為東京象徵的東京鐵塔，與美國原住民世界觀的極端相異奇趣，因此採用了有著獨特形狀的仙人掌，及豪爽伸展葉片的植物們。也放置了NORDISK的圓錐形帳篷，其中裝飾多肉植物和空氣鳳梨，打造出魄力不輸給東京鐵塔的風格。

裝仙人掌的袋子是在美國購買的，是以前郵局使用的物品，因為長久使用而變得有些消褪的字跡，能夠帶出戶外的氛圍。在缽裡放了包包或布料，隨意作為花盆披蓋用品的技巧，也是簡單營造出隨手感的創意。頂樓的水泥地板若不加以處理，實在太過單調，因此在上面鋪了印第安風格的地墊。沒有大張地墊時，也可以收集許多小張地墊，不管何種大小的空間都能加以對應，重疊之後演變出的樣貌也十分有趣。

作過老化處理的白色畫框，光是立放在一邊，就能成為增添氣氛的辛香料。藉由配合植物展示，使植物們宛如氣勢十足地從畫框中跳出一般，便成了非常有藝術存在感的擺設。放在仙人掌後方的是工廠使用的紙筒，其褪色感及標籤脫落的樣貌都十分帥氣。以流木製成的大球，上頭放了復古風格的裝飾皮帶，前方還放了有鄉土感的裝置品作為裝飾。不只以植物填滿空間，添加各類物件，更能給空間深奧的感覺。

在氣氛不可或缺的戶外，最好能在料理及餐具上都多用點心。配合這次的意象所準備的是，以長棍麵包夾入熱狗及酪梨等食材。琺瑯的盤子及馬克杯，其樸素的樣子正適合戶外，疊在一起也能輕鬆搬運，物品堅固性也令人安心愉悅。若太陽西下，天色昏暗之後，點起提燈或蠟燭，氛圍便會為之一變。以都市的夜景作為背景，能夠欣賞如幻想中的光景，正是都會戶外才有的景緻，柔和的燈光映照出的植物線條也十分美麗。

T'S HOUSE

T宅

T的家，就蓋在從由比之濱海岸步行十分鐘之處。這是一間興趣為衝浪的宅邸主人所堅持的充滿西海岸風格的家屋。活用兩邊窗戶有光線流洩而入的隔間，打造出以植物作為主角的房間。使用許多吊掛的手法，讓往上延伸的植物及向下垂掛的植物交錯，不管從哪個方向看過去，都令人感到十分舒適。和人一樣高的仙人掌令人印象深刻，但卻和P.66那種令人感受到美國原住民所居住沙漠的風格大異其趣，在此處有稍微留心要令人感受到濕度的平衡感。

IS WHERE
FIND IT

這次擺設活用了原先屋子裡的植物和雜貨。舉例來說，架上擺放的滑板，就成了展示台，用來放置原本就有的植物。在盆中枯萎的花朵，剪下後插進花瓶裡，裝飾在櫃子上。衝浪相關的書籍顏色都非常漂亮，就和空氣鳳梨、淺黃色的墨鏡一起展示。擺設不是只添加新的物件，可以將原有物件變更放置方法，或將目光放在原先不太留心之處，就能在原本熟悉的空間創造出新鮮感。

在視野良好的頂樓，有屋主作的長凳，及以衝浪板顏色為主色調的搭配。在左右兩邊放置了開著小小花朵的植物，不太過花俏也是加分點。這裡就成了可以一邊感受海風，一邊在搖擺的樹蔭下放鬆心情的空間。特別希望大家注意的，是以棉繩稍加編織後，裝飾在原本有些乏味的牆面上。繩索扮演著連繫擺設世界觀與此建築物的角色，只要放進繩索，就能讓空間具有整體感，P.66也有非常好的使用範例。這也能夠營造出特別的氣氛，非常建議使用在派對上。

R'S HOUSE

R宅

R宅緊臨駒澤公園，此公寓的魅力，正是一眼望去有著非常美的景色。如何活用這片充滿綠意的風景來妝點陽台，便成了這次的主題。考量放置於此的植物，要與背景樹木的深綠色相調和。後方是鮮豔的綠色、而前方是較深綠色植物，結合深淺不同、各種色調的植物，表現出遠近感。另外也由較高的植物開始擺放，前面則是較矮的植物，構成一種漸層感。打造出一個宛如公園綠意延伸到陽台上來的動感庭院。

協助個人住宅進行擺設時，川本 諭都會思考著居住者的興趣，並留心貫徹自己的風格。這次的布置反映了R小姐的喜好，所以四處展現出優雅感及弔詭風格。空氣鳳梨和多肉植物的組合盆栽展示在生鏽質感架子上，上方還爬過常春藤的藤蔓。不特意的營造美，而是稍微流露荒廢的氣息。本書中也介紹過很多次，以粉紅色的花朵來搭配偏黑色及銀色的葉片，打造出帶有毒氣感的風格。

使用家裡原本就有的盤子及餐具，作出庭院派對風格的桌面擺設。盤面添上庭院裡枯萎的花朵，及宛如爬過桌面的仙人掌，這樣的裝飾與桌椅風格十分相配，醞釀出深沉的美感。據說川本 諭會定期過來照料這個陽台，而住在這裡的R小姐，也是一位在室內裝飾方面感性超群，令人敬佩的女性。對川本 諭來說，她是經常能夠提供建議，給予他良好刺激，宛如姊姊一般的存在。

日光不受遮蔽的陽台，對植物來說是最好的環境。種在盆子裡的景天，由於葉片落到地面上，數量會逐漸增加，描繪出令人難以想見的景色。這次的擺設當中，在花盆的樹木底下種了不少多肉植物，及花卉等較低矮的植物，更增添分量感。將具有各種樣貌的不同植物，組合在同一個花盆裡，因此非常容易表現出世界觀，也是能夠以高低落差打造立體感的手法。添加在花盆邊的植物，就選擇與原本種在盆中的植物平衡及性質相符的植物。

H'S HOUSE

H宅

H宅距離青山大道非常近，在剛蓋好＆一片空白的陽台地板上，鋪好木棧板之後由川本 諭接手，從零開始打造。放在陽台上的植物，配合有著凜然女性氣質的H小姐，主要以葉片為主的植物構成。添加大量葉片纖細的植物，花朵則選擇冷色調的，花盆的顏色也以黑白色系來統整，給人非常俐落的印象。原本並不狂野也不太具分量的植物們，已經長高到超過房子、氣勢十足的伸展著葉片，展現出令人忘懷都會喧囂的狂野感。

地板上的木棧板原本是漆成灰色的，慢慢地褪色之後顯露出原先木材的顏色，變得越來越有味道。讓人感受到無法刻意打造，而是必須經過時間洗禮才能有的樣貌。與木棧板搭配的是川本 論在印尼製作的磁磚，不將相同的棧板鋪滿整面，而是搭配磁磚或砂石地等質感相異的物品，均衡的混搭其中，加上一點變化就會十分有趣。給人驚豔感且有著鮮豔藍色的摩洛哥磁磚，隨意地立在花盆旁。其風化般的樣貌，與此空間成為絕妙組合。

FORTELA

FORTELA位於離米蘭市中心有些距離之處，是由Alessandro Squarzi打造的男性服飾品牌。川本 諭為這個能品味Squarzi風格的店面中，打造了裝置藝術。有著一貫復古風格製衣格調，及古典工作坊般的意象。展示窗前的空間，擺放深色系的植物，添加了橘色花朵及食蟲植物，在嚴肅風格當中點綴出華麗及些許毒氣。

平常用來展示商品的架子，塞進了種在小小花盆裡的仙人掌及剪枝，下方的抽屜也擺放了宛如綠意滿溢而出的枝葉及果實。布置時，就預期這些剪下來的枝葉會逐漸褪色，而與有根的植物形成對比。隨著時間流逝，植物會有所成長、花朵也會綻放，而使其姿態有所變化，每次來訪應該都會有不同的樣貌吧！望向腳邊，美麗的葉片沿著動線鋪設，襯托出磁磚，讓來訪者都能因此充滿喜悅。

talk with...

Alessandro Squarzi *("FORTELA" Founder/Designer)*

FROTELA創立者兼設計師——Alessandro Squarzi先生，為全世界喜愛時尚的人們關注目光焦點。
在著手打造前幾頁介紹的FORTELA裝置藝術前，與川本 諭進行了一場對談。
川本 諭也十分崇敬他的時尚及風格，而其根源是從何開始呢？

創作物件的根源所在，
便是對於美麗物品的追求之心。

川本 諭（以下簡稱川）：我每天都會接觸植物，不知道您是否有栽培植物呢？

Squarzi（以下簡稱S）：家裡有女兒Allegra送給我的小盆玫瑰，每次看到花開，都會覺得非常幸福。自己種的就只有這盆，不過我會定期買花裝飾在家裡。

川：居然是女兒送的玫瑰！實在是一段佳話。這麼說來，以前您曾經提到過在海邊有棟房子，如果有機會，希望也能讓我幫那棟房子種些植物。

S：當然！不過因為那房子面海，所以海風侵蝕的問題非常嚴重。有些植物會因為海風而受損，我也想問問你應該怎麼辦才好呢！

川：請務必找我商量。義大利對我來說還是未知之地，前往沒到過的地方，似乎也能給我一些新的刺激。您通常會受到什麼樣的東西啟發，來獲得新靈感呢？

S：以靈感來源來說，我對於追求潮流沒什麼興趣，比較像是在尋找一貫的道理。舉例來說，在觀看或接觸復古的物品或布料時，我就經常能夠獲得啟發。以這層意義來說，FORTELA這個品牌的優秀之處，正是在於不隨季節變化，而有著普遍性。

川：有一貫道理，而不自季節潮流獲得靈感啊！這實在非常有趣。那麼，對於時尚與植物的關聯，您認為能夠帶出什麼東西給我們呢？

S：不管是時尚或使用了植物的藝術品，及其他相關的藝術，只要向下深掘，我想根源都是一樣的。這些都是由美麗的東西承接靈感，基於對美麗的探求之心打造出來的，我認為在這層面上，這些東西都是環環相扣。

Squarzi先生所思考的，FORTELA今後展望

川：我出版的系列書籍總是會接觸到我的生活型態。對於Squarzi先生來說，生活型態是什麼樣的事物呢？

S：其實我現在過的，並不是能夠得意說出口的生活型態。看著我的Instagram的人也許會覺得好羨慕啊！但其實對我來說，還是變成工作第一、犧牲掉了與女兒共處的各種時間……

川：只要看了您的Instagram，的確會覺得您非常享受生活，令人感覺羨慕呢！

S：是啊。畢竟要展示人前，也不適合老是發一些負面的訊息呢（笑）！

川：您目前似乎相當忙碌，如果有時間，有想作什麼事情或希望有何發展呢？

S：一半算是開玩笑吧，但有點想退休好好放鬆呢！

川：不行啦！不行啦（笑）！

S：FORTELA才剛起步，話說得滿一點，就是希望它能繼續成長。目前也正構想要為FORTELA建立一個丹寧品牌。

川：實在很棒呢！我目前在東京和紐約共有七間店面。這次要到米蘭展店，另外明年還預計前往歐洲某國開設店面。FORTELA有沒有考慮要到海外發展呢？

S：的確也有考慮要到海外展店，我覺得即使是店中店的形態應該也不錯。中國或倫敦方面都有人邀請我，當然我也想到日本試試。若要實現這點，我認為能夠確實反映出FORTELA世界觀的夥伴，是不可或缺的。

川本 諭的感性與FORTELA的世界觀，結合兩者而生之物

川：您看了我的書覺得如何呢？

S：由於接觸植物，而能夠讓人見識到世界是如此廣闊，甚至能夠發出這樣的訊息，實在是非常棒的一件事。就某種意義上來說，我還真是嫉妒呢！我認為不管是哪個領域的人看了這本書，隨手翻閱頁面，也都能夠獲得積極的靈感或能量。

川：非常謝謝您。如果您要製作一本書，會是什麼樣的書呢？

S：要是能作出像你這樣的書就好了。

川：目錄雜誌或表現FORTELA世界觀的視覺書籍之類的嗎？

S：是啊。不過非常可惜，我沒有那個能力。

川：我也是靠著製作團隊，像是編輯、美術設計、攝影師等，靠他們才能製作出來的。

S：那麼你可以跟他們說一聲，我也想作這樣的書嗎（笑）？

川：如果您要作，還請務必讓我表現及搭配！

S：務必麻煩你了。

川：這次讓我在FORTELA打造裝置藝術，您的心情如何呢？

S：我非常開心能請你在FORTELA店面打造裝置藝術。看了你的書之後，更覺得讓非常厲害的人來作這工作了！店面本身並不是很大，所以無法提供太多空間，覺得有些遺憾，但我確信你作得非常好。

川：非常謝謝你，那麼最後請向大家說些話吧！

S：川本先生不僅是專家，也是一位創作者，說得極端一點，就算是對植物沒有興趣的人，只要來看FORTELA的裝置藝術，想必也會有些東西留在心上。請務必前來，沉溺於川本先生的作品及FORTELA的世界觀當中。

Alessandro Squarzi

1965年生，以米蘭為據點活動。創立了FORTELA、AS65、Atlantic Stars三個品牌。非常喜愛復古風格，同時也是義大利無人不知的收藏家。由於在街頭時尚書籍、及以寫真集《The Sartorialist》聞名的攝影師Scott Schuman的部落格中現身，而使其感性受到矚目且一舉成名。他的Instagram有超過13萬人追蹤，同時也是流行指標。

FORTELA
Via Melzo, 17, 20129 Milan, Italy
Open: Mon 3pm至8pm, Tue至Sat 11至8pm

CONTENTS IV

PROJECTS OF GREEN FINGERS

Green Fingers的活動

提到川本 諭的活動，不可不提的便是為日本國內外的客戶工作。近年來也多了不少商業設施或店面，由零打造空間樣貌的機會。另一方面，為了擴展自我可能性，川本 諭也積極的參與能自由表現的展覽會場。以下將介紹川本 諭經手的工作、展覽，同時透過超越植物領域的合作，展現出其獨具創意的創作。

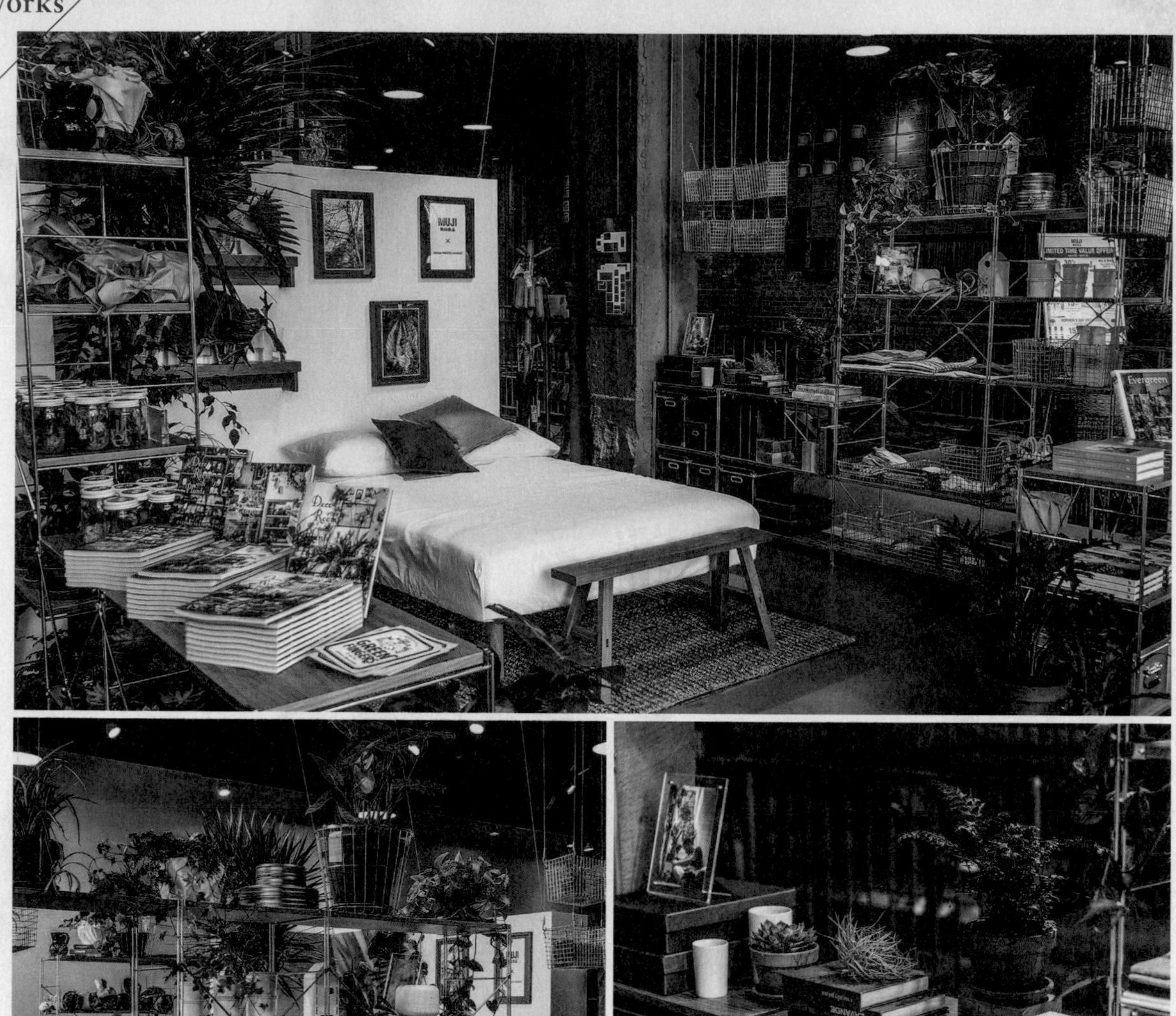

Photographed by Andrew Jackson

MUJI Fifth Avenue

2015年時，在紐約曼哈頓五號街開張的無印良品美國旗艦店——MUJI with Avenue。此處的賣點是有著美國最大面積賣場，包含服裝、食品、裝潢用品等，各種衣食住品項皆齊全的店面中，由GREEN FINGERS負責植物陳設。以多樣化外形的植物，搭配匿名設計的各種產品，創造出新鮮而具有機感的空間。

○475 Fifth Avenue, New York, NY 10017　Open：MON至SAT 10至9pm, SUN 11至8pm

FREEMANS SPORTING CLUB — GINZA SIX

FSC在銀座最大商業設施GINZA SIX展店，這是他們在日本第三間獨家店面。繼東京店、二子玉川店之後，這次也請川本 諭進行陳設。店裡的象徵物品是動物標本，以各種植物作成花圈一般包圍著它，打造出狂野又高雅的氣氛。店內以白色為基礎，因此綠色並未過於強調自己的主張，卻又能作為重點使人眼睛一亮，是有著絕妙平衡感的技巧。

○東京都中央區銀座 6-10-1 GINZA SIX 5F　Open：〔Shop / Barber〕10：30至8：30pm

Photographed by Satoshi Kawamoto

ISETAN THE JAPAN STORE KUALA LUMPUR

伊勢丹為了將日本的生活及堅持傳達到海外所設立的店面，此百貨公司內皆為有所堅持的日本品牌，在2016年於Kuala Lumpur開張。以日本舒適生活為主題的樓層令人眼光一亮的，是以竹子作成的亭樓，正是川本 諭著手裝飾的。朝著天花板氣勢十足展開的植物，及分量十足的空氣鳳梨，打造出非常具動感的風格，宛如一個藝術品。

○LOT 10 SHOPPING CENTER 50 JALAN　SULTAN ISMAIL 50250 KUALA LUMPUR, MALAYSIA　Open：11至9pm（LGF・3F）

TAKASAKI OPA

在高崎站前的大型商業設施——高崎OPA。此設施的入口與美食街等公共空間部分，由川本 諭著手進行植物布置。在海藍色的牆面上展示著花卉與葉片，靠前方則放置了較高的植物，此對比十分有趣。深具個性外形的葉片妝點著入口的外牆，除了來訪設施的人們之外，也能讓車站前往來的人們心情高昂。

○群馬縣高崎市八島町46-1　Open：10至9pm　※有部分店家營業時間不同

NEWoMan

川本 諭也經手新宿車站的商業設施，NEWoman的館內植栽計劃。館內林立著以成熟女性為取向的店家，入口及通道、休息區等各處，皆有植物現身，展現出讓人雀躍的一面。搭配狂野的蕨類植物或垂掛的藤蔓植物，表現出各種樣貌的風格，讓人感受到女性同時具有纖細及強悍的柔和之美。

○東京都新宿區新宿4-1-6（直通JR新宿站）　Open：〔Fashion〕11至9：30pm〔Ekinaka〕MON至FRI 8至10pm, SAT至SUN 8至9：30pm〔Food Hall〕7至4am　※有部分店家營業時間不同

COSMOS INITIA

提出以「WITH YOUR STYLE」為概念打造的公寓，在INITIA練馬北町的樣品屋當中，是由川本 諭以他在紐約相識的感性人們為意象，打造他們的房間所作出的完整搭配。在新屋的乾淨氣氛中，放入了老舊質感的物品和手繪的粉筆字，提出了不需強力主張，就能表現出紐約客真實樣貌的生活型態。

※期間限定，目前已結束展演

Exhibition 'NENGE' and future plan

個展〈拈華〉與今後之事

2016年4月，由SIMPLICITY負責人緒方慎一郎一手包辦餐點、空間、器具的和食料理店八雲茶寮，舉辦了沙龍企劃展覽〈拈華〉。對於緒方先生提出的「在八雲茶寮這樣的空間當中，你會如何處理花草樹木呢？」川本 諭以其獨特的美意識來回應的展覽內容，是他試著以嶄新方式來表現的挑戰，我們詢問了當時的構想，及他今後想舉辦何種展覽。

嶄新挑戰

會開始進行個展〈拈華〉，除了原本就透過工作認識緒方先生，也認為八雲茶寮這個空間是一個非常棒的場所，所以總想著有一天能一起共事。而我心中也經常想從事有趣的事情，所以當他提出個展的主意時，我也覺得非常有興趣，就著手準備了。這回我使用了平常不太接觸的切花，以這點來看，對我來說是個新挑戰。

受到刺激而創作作品

作品的製作方面，是由緒方先生選擇器皿，我再配合器皿來插花。但絕不是只將花插在他選擇的器皿中就完成了，而是互相討論，一邊打造作品。當我詢問他關於器皿的事，再聽他說明「希望能夠看起來有這種感覺，想傳達這樣的事情」之後，才進行插作。緒方先生也與日本文化有所關連，是擁有許多我沒有之物的前輩，因此每當詢問他，就能夠有「噢，原來是這樣啊！」而深感認同，接收了許多新的刺激。

以自己的感覺來插花

該場所是充滿和風感的空間，因此會思考適合搭配之物，也必然會表現和風氛圍，畢竟我並沒有真的好好學過花道，但我想，對方正是期待我這樣的人插花會有何等趣味，因此儘量活用自己的感覺來插花，也確實辦到了。這是非常棒的空間，因此經驗很美好。舉例來說，雖然也使用了一般的花卉，但也大量使用了平常插花不會用到的蔬菜類、多肉植物、空氣鳳梨等，表現出自我，我認為這方面能夠展現出趣味。

使用了一般不會用來插花的花椰菜及空氣鳳梨的作品，是讓觀者都感到訝異的搭配（左頁）。另外，有著柔和光線射入，瀰漫靜謐氛圍的大片窗邊空間，則主要使用葉片閃爍銀色光芒的多肉植物；由宅邸內向外望去時，庭院裡也有展示作品，讓來訪者得以欣賞（上）。在八雲茶寮這樣特別的場所，及嚴格挑選的器具的面前，選擇適合的植物，再加上自己的風格插出作品，對川本諭來說是非常難得的體驗。

《拈華》
緒方慎一郎・川本諭　著
（青幻舍／2017年10月5日發行）

這不僅僅是展覽〈拈華〉的圖錄，同時也記錄了緒方先生及川本 諭對談內容。攝影是池田裕一先生，及從頭參加所有系列書籍製作的小松原英介先生。

製作作品時重新發現之事

在舉辦個展的期間，因為白天的氣溫會越來越溫暖，因此作品是在展示前才著手製作的。切花會因為季節，及時間流逝而變得越來越沒有活力，所以也要有一定程度的製作速度才行。因此，在正式製作之前，也進行了預演練習，但到了真正動手的時候，還是非常辛苦，要和時間賽跑。因為我平常不太接觸切花，有許多動手作了才發現的事情，我也因此得以重新學習，實在是非常好的機會。

兩位攝影師的觀點

這個展覽的樣貌，其實有兩位攝影師，兩位針對相同作品、以不同的背景顏色來拍攝。一位是以空間作為背景，另一位則是以黑色作為背景來拍照，因此形成了兩個不同的世界觀。即使是相同作品，也會產生完全不同的看法，非常有趣。另外，作品也會以與我不同的觀點拍攝出來，讓我感受到原來其他人是這樣觀看的，令人感覺十分新鮮。插花時並沒有想到這些事情，腦子完全集中在眼前的植物上。不久前刊載了這些圖片，也發行了這個展覽的書籍，還請各位務必到書店翻一翻，我會非常開心的。

針對新的個展

目前正在進行義大利開店事宜，但其實我有考慮再開一間位在海外的店面。應該是紐約及義大利之外的某個歐洲國家，正在考慮開店的時機，辦個展覽應該很不錯。我曾經在紐約辦過一次個展，所以希望下一次是在歐洲。目前都還在計畫階段，我在開店地區附近的小巷弄裡走走，就會看見許多具歷史且有個性的建築物林立，實在非常有趣。我會一直想著在這種地方，能作些什麼事情呢？另外，如果舉辦展覽，也想試試令人摸不著頭腦的事情。比方說，借一個小房間，讓裡面放滿了植物之類的，而且還要感覺很凌亂。也就是一打開門，會產生不知自己身在何處的錯覺，大概就是這樣的感覺吧！在海外開店，真的有很多辛苦的事情，但我認為正因為能開店，才能享受到這些事的洗禮，也相當不錯。

CORRIDOR

由設計師Dan Snyder經營，以堅持紐約製造的襯衫為主，發跡於紐約的品牌——CORRIDOR。本次合作是以CORRIDOR長銷商品的外套，添加上川本 諭的醍醐味本質。在衣領內側使用東方風格染織圖樣的布料，將領子立起來就能欣賞服裝不同的樣貌。另將扣子稍作修改，只有單個不同，但也打造出看似漫不經心卻有著重點的服裝。

Photographed by Derek Siyarngnork

VICTORY SPORTSWEAR

VICTORY SPORTSWEAR是在1980年代初期，於麻薩諸塞州創業，以提供給跑者客製化球鞋聞名的球鞋品牌。川本 諭平常就非常喜愛VICTORY SPORTSWEAR，在他的熱情呼喚下所實現的特別訂作球鞋，顏色選擇的是能讓人感受到GREEN FINGERS的灰綠色。腳踝處使用的天然皮革，越穿就越合腳，也越增添風味。

Photographed by Ed Fladung

QUALITY PEOPLES

結合墨西哥的民俗及街頭文化、夏威夷的衝浪文化及現代藝術精髓的品牌——QUALITY PEOPLES。2016春夏的目錄雜誌當中，選用川本論作為模特兒。在GREEN FINGERS MARKET進行的攝影，除了服裝之外也介紹了他的生活型態。稍微放鬆力道、帶輕鬆感的穿著方式，與QUALITY PEOPLES的世界觀非常吻合。

QUALITY MENDING

與GREEN FINGERS MARKET當中以紐約為據點的復古服裝店——QUALITY MENDING展開合作。印有「GREEN FINGERS MARKET」字樣的復古方巾，及以1950年代made in U.S.A.體幹為基礎的T-shirt上，使用鎖鏈繡縫上「rivington」、「dude」、「plant」、「grow damn it」等字樣，在基本單品上加一點功夫，帶出物品新的魅力。

Column 3

Fashion for me

關於時尚潮流

與服裝業合作及擔任模特兒……川本 諭在時尚業界的領域也大為活躍。對於川本 諭來說特別有紀念價值的UNITED ARROWS（UA）原宿本店，與其合作重新裝潢之布置，據說讓川本 諭也感慨萬分。就讓我們問問川本 諭對於時尚感受到的魅力，以及時尚帶給他的影響。

1樓挑高部分，放進4至5m高的大樹，設計上也將該樹木成長的程度納入考量，來作植栽的搭配。2樓則不使用花盆，而是露出土壤、搭配仙人掌和多肉植物等。宛如將墨西哥沙漠擷取了一個角落，乾巴巴的氣氛非常有趣。3樓選擇會直挺挺站立的植物。

擺設UA原宿本店

原宿的UNITED ARROWS是我持續了20年都會前往的店家，對我來說非常具有紀念價值。這樣的店家要重新裝潢，在它要重獲新生之際，我竟然能參加這個企劃，實在非常開心，因此我作了能令人開心的架構。這次的企劃當中，我最一開始提出的，是要在店面占地中的哪個部分作擺設，特別強調的就是1樓挑高的通路處。這裡是通風的空間，因此我希望能讓這裡成為看著隨風搖擺的葉片便感到心情舒暢、讓人群聚集的地方。實際上我也從工作人員那裡聽說，來訪者的反應也非常不錯，真的很開心。這次翻新工作除了要統整男性與女性服裝之外，也希望讓工作人員能融為一體，而提出了「UNITEDARROWSONE」這樣的概念。因此在2樓的女性服裝樓層，我也特別考量這個概念，將原本放在女性服裝館中庭展示用的熔岩、及原本放在門口的梣樹拿來再次使用，放入新的擺設中。另外，3樓的露臺是男性服裝樓層，因此搭配時特別強調直線的俐落感。來到不同樓層的人們，會感受到完全不同的印象，成為了非常棒的空間。

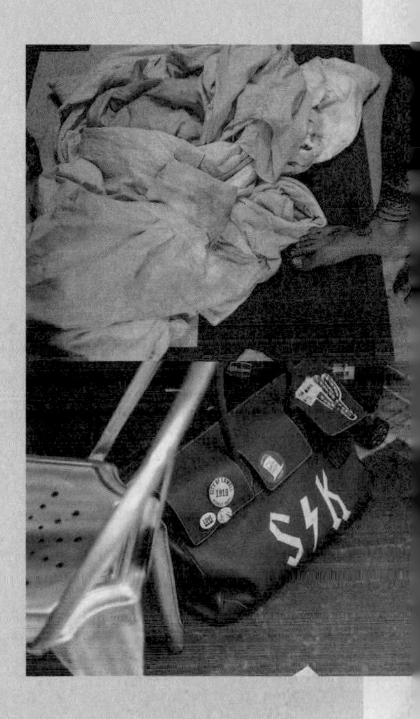

川本 諭以往就經常將復古物品或民族服裝布料、或零件，縫到手邊的衣服上。現在則較少裝飾，而是拿來書寫、剪裁，或拿去染色等，享受重製的樂趣。右上圖是以墨汁染色的衣服。隨意染色會有色塊不均的現象，反而更有手工風格，能夠輕鬆挑戰。

在紐約生活學到的減法美學

我從小學低年級開始，就會一個人搭著電車前往新宿的百貨公司買衣服，真的從小就很喜歡時尚。我認為在享受生活方面，不管是室內裝潢、植物或時尚，這些東西都是環環相扣的。我通常會從時尚的平衡感或色調部分獲得靈感，而不是從與我作相同工作的人處取得靈感。另外，看看建築物、去趟美術館……也會受到這些與自己相差甚遠的領域影響。自從在紐約生活，就很容易感受到減法美學。舉例來說，漂亮的襯衫和長褲，就搭配破破爛爛的球鞋；開了洞的T-shirt和牛仔褲，就配上精心擦拭過的老店皮鞋。這些能夠更加了解自己特質的穿著，就是在紐約學到的。最近由於工作經常去拜訪義大利，那裡和紐約全然不同，走在街上的大叔們，大家都穿著非常合身的套裝，每個人都看起來十分俐落。看見他們的樣子，我也忍不住想實際體驗看看，就請品牌老店幫我作了拿坡里式的襯衫和外套。即使同在歐洲，在巴黎會有很多人圍上圍巾，所以到處都有圍巾店家。這種因國而異之處，也讓人感受到其美好。拜訪各個不同國家、看看那個國家的時尚也非常開心，能夠獲得不少的靈感刺激。

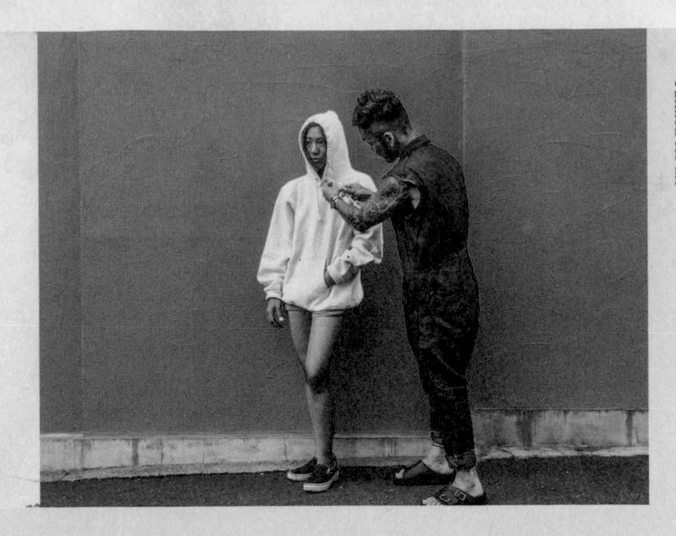

Champion Japan的Instagram照片，有著如其品牌概念般五彩繽紛的流行世界觀，加上都會的醍醐味。Champion的頭貼中的LOGO標記，有著讓人印象深刻的樣貌，使用街頭上鮮豔顏色或彩色紙的色彩運用，也讓人感受到宛如身在海外的氣氛。

Instagram所帶給我的

最近我經常會感到受到Instagram的影響，舉例來說，走在澳洲墨爾本的街頭，會忽然有人叫住我，問「你是Satie對吧？」原以為是認識的人，結果對方說「我都有在看你的Instagram喔！」在紐約也是，我隨意走進店家或咖啡廳，也會被問「你是GREEN FINGERS的Satie對吧？」不同國家的人都將目光放在我的Instagram上，實在非常開心。目前正在與海外某個高級品牌談合作的事情，對方也是經由Instagram的私人訊息連絡我的。由於Instagram這個契機而成為朋友或聯繫上工作，實際上發生很多次，讓人感受到這個世界越來越有趣了呢！和Instagram相關的工作，就是我從今年九月開始擔任Champion Japan的官方Instagram帳號的創意總監。在海外，Champion和VETEMENTS合作，也有幫URBAN OUTFITTERS製作限定色的服裝等，因此我希望，在日本也能幫他們打造成這樣帥氣的品牌。透過Instagram，來幫助他們打造這樣的形象，實在令人雀躍。難得有這樣的機會，我也希望和Champion的合作，不僅止於Instagram方面。

MIRROR
Green Fingers

CONTENTS V

GLOBAL PRESENCE & FUTURE PROSPECTS

海外發展與今後方向

川本 諭憑藉他永無止盡的好奇心，前往未知的領域、不斷地挑戰，披荊斬棘走出一條道路。在紐約店將屆第五年的同時，他將下一個舞台放在歐洲，展開了活動。在這聚集了許多感覺敏銳之人的城鎮——義大利米蘭，他將提出何種型式搭配呢？川本 諭目前所思考之事，及他的目光前方又有些什麼？

讓我下定決心在米蘭開店的，
是一個全玻璃鑲嵌、前所未見的空間

米蘭的店面預計以WOOLRICH店中店的形式開店。在紐約時，WOOLRICH也曾請我進行開幕的工作，或請我製作節慶用的裝置藝術，經常一起工作。這次的企劃，起因於WOOLRICH的社長告訴我：「這裡有個應該要讓GREEN FINGERS開店的空間呢！」那時我只覺得還挺有趣的，腦中卻沒有浮現出任何點子。但實際到義大利後，看見那個空間，我渾身雞皮疙瘩都豎起來了。那是在紐約也未曾看過的全玻璃鑲嵌空間，實在很難遇見這種得天獨厚的地方。有人提供如此好的機會，也讓我心中湧出了一種使命感，認為實在不能不作。由於這是時尚品牌林立、且人潮往來洶湧之地，這也是讓大家認識GREEN FINGERS及川本 諭的最佳出發場所。

目前正在進行工程，預計於11月上旬開幕（註：目前已開幕），而我在那之前準備一些基礎工作。預定要以雜貨及復古物品為主，添加少許時尚物品，會將它打造為和以往店面有些不同的風格。至於販售的商品方面，除了在當地購買打理過的植物之外，也會根據不同時節，從日本送各種商品來，陳列一些我覺得符合當下季節的物件在店裡。在開店之後感受到的心情，我也會依此更新，將那些閱讀我的書所可以感受到的東西，實際表現在店面當中。

使人能夠回歸初心的海外挑戰

在全然陌生的國家要購買植物，實在很費功夫。雖然已經作過基礎調查，但我只能在幾個固定的時間過去，所以等到要開張的時候，實際上不曉得

會如何，不過去還不知道，但正是這種未知才好。在日本，有能將工作完成到某種程度的工作人員們；而到海外，就是從無到有全部都得自己來，而這些都會成為良好的刺激。

尤其這次又與本書相繫，或許是回到了初心的心情。我感受到剛開始在紐約開店時，肌膚上接收到的不安與緊張刺激感。雖然憑靠以往獲得的經驗，多少有些自信，但還是會感到非常不安。不過還是相信能以自己創作的東西，表現出使他人對此感到興趣、也能讓人訝異的空間。

先前未曾接觸過的
歐洲生活形態

在歐洲，有著與東京和紐約都大異其趣的文化，不管是街道、生活形態或服裝的穿著方式都不一樣。舉例來說，在紐約，早上會有許多拿著咖啡走在路上的人；但米蘭的人會到店裡櫃台前去喝杯espresso，之後才去工作。另外，紐約的公寓附設的空間是消防梯，所以不能放置植物；但走在米蘭街頭，經常能看見即使是非常狹小的陽台，也養了許多植物，甚至從欄杆伸出頭來的樣子。這讓我感覺到，米蘭應該有非常多愛好植物的人。另一方面，即使路上有販賣觀葉植物或花卉的店家，卻完全沒有像是GREEN FINGERS這樣的店鋪。因此如果我在這裡開店，我想一定會非常有趣吧！我非常期待自己在歐洲能夠獲得什麼樣的評價。

在米蘭短期滯留時，也有新的相遇──義大利的市集和品牌老店、藝術雜誌等各種領域的朋友，如果能和他們一起作些什麼就好了。我對於今後的發展非常期待，也希望發表這些活動的日子能早日到來。

Below: Photographed by Eisuke Komatsubara(Moana co., ltd.)

舒適生活不可或缺的體能鍛鍊

在紐約、東京及米蘭等三個都市擁有據點，往來於各個不同國家生活，不可或缺的就是體能鍛練。原本我就有在健身房等處，擔任教練及個人教練的經驗。從十幾歲起，我就開始鍛練，就像刷牙那樣，要是忘了作就睡覺，會覺得非常不舒服。所以就算是滯留在海外時，我也會找附有健身房的飯店或到公園動動身體。

尤其是現在，我在米蘭過著有些緊張的生活，因此利用體能鍛鍊來放鬆，就是讓我切換開關的重要時間。舉例來說，如果因思考工作的事情陷入瓶頸，花個一小時或30分鐘動動身體、紓解壓力，反而能有好的成果。而且努力之後成功實現理想體型，不管在工作上或私人方面，也都能感到愉悅。這樣一來，也會比較在意吃的東西，穿著挑選服裝時也比較開心，甚至對於自己居住的空間感到舒適，而想招待人前來，總覺得不管什麼事情，都能積極面對呢！

以我來說，每週會進行六天、每次1至1.5小時的訓練。可能有人不太喜歡健身房，而比較喜歡慢跑，也可以去泳池或作瑜珈，我希望大家都能找到符合自己喜好及步調的就行。

川本 諭永無止盡的追求心
目光所見的未來為何

個展專欄當中也提到，我目前將眼光放在義大利之外的歐洲某國。那間店不會冠上GREEN FINGERS之名，氣氛也將與目前的店面們大異其趣，我想放一些更像是作品的東西在那兒。

我並不想一直增加店面的數量，而是

希望好好利用得到的機會，打造一個帥氣的空間，這種心情一直衝擊著我。如果有其他企劃或個展，也許我的想法會再改變也不一定。

回顧一下，去年有六成時間在紐約、三成在日本，剩下的一成時間則是在馬來西亞等亞洲國家滯留，大概是這樣的比例。今年則比較常留在日本，所以能製作這本書及進行大型商業設施等工作。以好的方向來說，我還真不知道一年後我會在哪裡作什麼？目前為止也都是這樣，我想今後也仍然如此，想到會發生些連我自己都無法想像的事情，就覺得心癢癢的呢！我希望能不斷挑戰新事物且持續地進化。

想打造一個能讓拜訪的人們
緊緊相扣、產生化學反應的地方

由於到歐洲開店及海外的工作，我非常地忙碌，但等到稍微穩定後，我想讓日本的GREEN FINGERS搬遷並擴大。隨著我自己的成長，我也希望能讓大家看見GREEN FINGERS的成長與俐落。新店面會打造出類似房間樣品屋的感覺，希望除了植物之外，也能表現出室內裝潢及時尚方面的物件。預計讓大家到店面時，能看見宛如展覽一般的店家。並同時設立畫廊，展示感性相符合的人的作品，不會在意對方有沒有名氣，也會想讓他們製作裝置藝術之類的。

最近從海外前來的人也增加了，但現在的店面沒有休憩場所，因此無法久待。之後希望能打造出可以喝咖啡、吃點輕食的空間。畢竟還是會想招待一下特地前來的朋友，希望他們留下美好的回憶之後，會想再次前來。我就是希望能提供這樣一個空間，成為人與人有趣相遇契機的場所，還請大家期待日後的GREEN FINGERS！

About
GREEN FINGERS

關於Green Fingers

除了日本之外，也在紐約擁有店鋪，接下來會在米蘭展店，受到世界上許多人喜愛的GREEN FINGERS，具備柔軟的變化性，經常提出新感覺的提案，可說正是能體會川本 諭「現今」的場所。各異其趣的八間店面，除了能與植物和雜貨等精挑細選的商品相遇之外，也是個能刺激感性的創意寶庫。

GREEN FINGERS

店面在遠離三軒茶屋站前喧囂的寧靜住宅區當中，是GREEN FINGERS日本主要的工房式店鋪。一路入店面，就會看到許多他處很難見到的植物、創作者打造的單一作品及首飾、古董家具，只要是川本 諭喜歡的領域，都毫不猶豫的塞進這個空間，令人無法壓抑自己的好奇心。無論你何時來訪，都會有新奇的發現，是一處能讓人感受到購物喜悅的店家。

東京都世田谷區三軒茶屋1-13-5 1F
12：00至20：00
星期三公休
03-6450-9541

GREEN FINGERS MARKET NEW YORK

GREEN FINGERS NEW YORK是海外第一間店面。在2014年融合許多不同品牌，裝潢也更新為跳蚤市場形態後，重新開張。除了植物之外，也包含室內裝飾及時尚，提出許多優質生活型態的相關物品。與復古老店FOREMOST的老闆根本洋二先生及骨董商John Gluckow先生共同挑選的服裝也非常受歡迎。希望大家能以在市場挖寶的心情前往造訪。

5 Rivington street New York,NY 10002 USA
星期一至六　12：00至20：00
星期日　11：00至19：00
+1（646）964 4420

GREEN FINGERS MILANO

位於義大利米蘭的最大熱鬧街道Corso Venezia上，GREEN FINGERS第一間歐洲店面。是WOOLRICH的店中店形式，除了植物之外，也會陳列以川本 諭的獨特感性所挑選出的雜貨等商品。

WOOLRICH - Corso Venezia, 3 20121 Milan, Italy
營業時間詳細請見www.greenfingers.jp

KNOCK by GREEN FINGERS

室內裝飾專門店，為ACTUS的店中店。以男性風格室內植物為主，還有許多充滿個性的植物，種類繁多，任何人都能夠在此找到與空間搭配的植物造型方式及創意，也可以思考如何與ACTUS的家具搭配，應該很有趣。

東京都港區北青山2-12-28 1F ACTUS Aoyama
11：00至20：00
03-5771-3591

KNOCK by GREEN FINGERS MINATOMIRAI

與港都未來站連結的大型商業設施當中，位於ACTUS MINATOMIRAI內的店鋪。除了多樣化的植物之外，也有能配合室內裝潢選擇的彩色花盆及雜貨、工具等，有許多可為生活型態妝點色彩的品項。

神奈川縣橫濱市港都未來3-5-1 MARK IS 港都未來 1F
10：00至20：00
045-650-8781

KNOCK by GREEN FINGERS TENNOZU

由ACTUS提出構想的生活型態店面，在SLOW HOUSE開店。除了包圍入口的多樣化植物之外，也有設置空間讓人製作玻璃容器裝的原創生態瓶，可以結合仙人掌和多肉植物、空氣鳳梨等進行創作。

東京都品川區東品川2-1-3 SLOW HOUSE
11：00至20：00
03-5495-9471

PLANT & SUPPLY by GREEN FINGERS

位於選物店羅列的神南地區，在URBAN RESEARCH三樓的店面。植物的種類非常豐富，能夠享受宛如選擇服裝或鞋子般輕鬆的樂趣，初入此道者也能輕鬆選購。在一樓入口及店裡，由川本 諭描繪的塗鴉也是必看不可的設計。

東京都澀谷區神南1-14-5 URBAN RESEARCH 3F
11：00至20：30
03-6455-1971

GREEN FINGERS MARKET FUTAKOTAMAGAWA

與FREEMANS SPORTING CLUB二子玉川店一併設立的店面，該店家展現的是源自紐約的古老紳士風格。在市場形態的店面中，緊緊排列著符合FSC風格的植物們。這間店推出的獨家限定商品，也是其魅力之一。

東京都世田谷區玉川3-8-2 玉川高島屋S．C 南館ANNEX 3F
10：00至21：00
（以TAMAGAWA TAKASHIMAYA S．C的營業時間為準）
03-6805-7965

Profile

川本 諭 *Satoshi Kawamoto*

GREEN FINGERS負責人／植物藝術家

由於著迷於植物的自然之美，及其隨時間而生的變化，提倡其獨特風格的植物藝術家。以自身引領製作的植物為中心，整合相關事物的生活型態店家，目前在東京及紐約等地已有七間店面；除了裝置藝術、空間打理、商品設計等，不僅限於植物方面，在廣泛領域中皆有涉獵。2015年在LAFORET博物館舉辦了以植物為主題的最大規模個展〈HERE AND THERE〉。近年來也著手為UNITED ARROWS、GAP、WOOLRICH、NEWoMan等品牌打造空間表現，使植物與人的聯繫更為豐富，開拓出讓植物與人類更親近的新領域。

THE
GARDEN
WAS
NOT
BUILT
IN A DAY

自然綠生活 / 27

Deco Room with Plants the basics

人氣園藝師
川本諭的植物&風格設計學

作　　　者／川本諭
譯　　　者／黃詩婷
發　行　人／詹慶和
總　編　輯／蔡麗玲
執 行 編 輯／劉蕙寧
編　　　輯／蔡毓玲・黃璟安・陳姿伶・李宛真・陳昕儀
執 行 美 編／韓欣恬
美 術 編 輯／陳麗娜・周盈汝
出　版　者／噴泉文化館
發　行　者／悅智文化事業有限公司
郵政劃撥帳號／19452608
戶　　　名／悅智文化事業有限公司
地　　　址／220 新北市板橋區板新路 206 號 3 樓
電 子 信 箱／elegant.books@msa.hinet.net
電　　　話／(02)8952-4078
傳　　　真／(02)8952-4084

2019 年 1 月初版一刷　定價 450 元

Deco Room with Plants the basics - 植物と生活をたのしむ、スタイリング & コーディネート

國家圖書館出版品預行編目(CIP)資料

人氣園藝師 川本諭的植物&風格設計學 / 川本諭著；黃詩婷譯
-- 初版. -- 新北市：噴泉文化, 2019.1
面；　公分. -- (自然綠生活; 27)
ISBN 978-986-96928-6-1(平裝)
1.家庭佈置 2.室內設計 3.園藝學
422　　107023538

日本版STAFF

作　　　者／川本 諭
攝　　　影／小松原 英介（Moana co., ltd.）
Matteo Bianchessi（P.81 至 P.84, P100 至 101, P102/Right 至 P.104）
插　　　圖／川本 諭
設計・DTP／中山 正成（APRIL FOOL Inc.）
編　　　輯／たなかともみ（HOEDOWN Inc.）
松山 知世（BNN, Inc.）
協　　　力／COMPLEX
NORDISK
SLOANE ANGELL STUDIO
Tom Dixon

經銷／易可數位行銷股份有限公司
地址／新北市新店區寶橋路 235 巷 6 弄 3 號 5 樓
電話／(02)8911-0825
傳真／(02)8911-0801

Deco Room with Plants
the basics

Deco
Room
with
Plants
the basics